Bibliografische Information der Deutschen Nationalbibliothek:

Die Deutsche Bibliothek verzeichnet diese Publikation in der Deutschen National-
bibliografie; detaillierte bibliografische Daten sind im Internet über http://dnb.d-
nb.de/ abrufbar.

Impressum:

Copyright © 2008 GRIN Verlag
Druck und Bindung: Books on Demand GmbH, Norderstedt Germany
ISBN: 9783668743656

Dieses Buch bei GRIN:

https://www.grin.com/document/148189

Karin Miosga

Geschichte und Strukturwandel des Duisburg-Ruhrort Hafens

GRIN Verlag

Inhalt

1. Einleitung

Gemessen an seinem Gesamtumschlag von 55,1 Millionen Tonnen im Jahr 2007[1], ist der Duisburg-Ruhrort Hafen der größte Binnenhafen der Welt[2], welcher außerdem noch die größte Binnenschifffahrtdichte der Welt hat. Der Grund für die Entwicklung des Duisburg-Ruhrort Hafen liegt in der starken Industrialisierung des Ruhrgebiets. Seine Struktur unterliegt einem ständigen Wandel seit Beginn der Ruhrgebietsindustrie bis zur heutigen wirtschaftlichen Veränderung.

In der folgenden Hausarbeit wird untersucht, auf welche Weise sich der Strukturwandel auf den Duisburger Hafen ausgewirkt hat. Des Weiteren wird dargestellt, welche Nutzungsänderungen sich vollzogen haben und wie der Duisburg-Ruhrort Hafen aktuell genutzt wird und wie seine Zukunft aussieht.

Ist der Duisburger Hafen in seiner jetzigen und zukünftigen Entwicklung weiterhin von der Struktur des Ruhrgebiets abhängig? Im Rahmen dieser Hausarbeit werden sämtliche industriell und logistisch genutzte Häfen im Duisburger Stadtgebiet untersucht. Hierzu zählen zum einen die öffentlichen Häfen des duisport[3], zum anderen die privaten Werkshäfen am Rhein.

Es wird zu Beginn ein kurzer Überblick über die Geschichte des Duisburg-Ruhrort Hafens gegeben. Im weiteren Verlauf der Arbeit wird auf den Beginn des Strukturwandels in den 1950er Jahren eingegangen und schließlich die aktuelle Situation und das Beispiel des *logports*[4] dargestellt.

Die Duisburger Häfen befinden sich in Duisburg an der Mündung der Ruhr in den Rhein. Mit einer Gesamtfläche von 10 km² zieht sich der Gesamtbereich des eigentlichen Hafens von den Hafenbecken an der Ruhrmündung entlang des Rheins.[5]

---

[1] vgl. http://de.wikipedia.org/wiki/Duisburg-Ruhrorter_H%C3%A4fen, letzter Aufruf: 12.03.2008.
[2] vgl. Deilmann 2002, S. 170.
[3] vgl.: http://www.duisport.de/de/duisport_gruppe/aktuelles_archiv/ geschaeftsbericht/pdf/GB_2002_de.pdf, letzter Aufruf: 11.03.2008.
[4] Der Begriff „*logport*" ist ein feststehender Begriff und wird somit im Folgenden immer klein und kursiv geschrieben. das gleiche gilt auch für den Begriff „*duisport*".
[5] vgl.: http://de.wikipedia.org/wiki/Duisburg-Ruhrorter_H%C3%A4fen, letzter Aufruf: 12.03.2008.
[5] vgl. Deilmann 2002, S. 170.

Die 21 öffentlichen Hafenbecken haben eine Gesamtwasseroberfläche von 180 ha. Die Uferlänge beträgt 40 km, davon sind 15 km Umschlagufer mit Gleisanschluss.

Der Duisburger Hafen ist ein so genannter Hinterland-Hub zu den großen Seehäfen Amsterdam, Rotterdam und Antwerpen. In diesen drei Nordseehäfen werden vielfach Güter von Seeschiffen auf Binnenschiffe umgeladen und nach Duisburg transportiert.

Abbildung1: Duisburger-Ruhrort Häfen

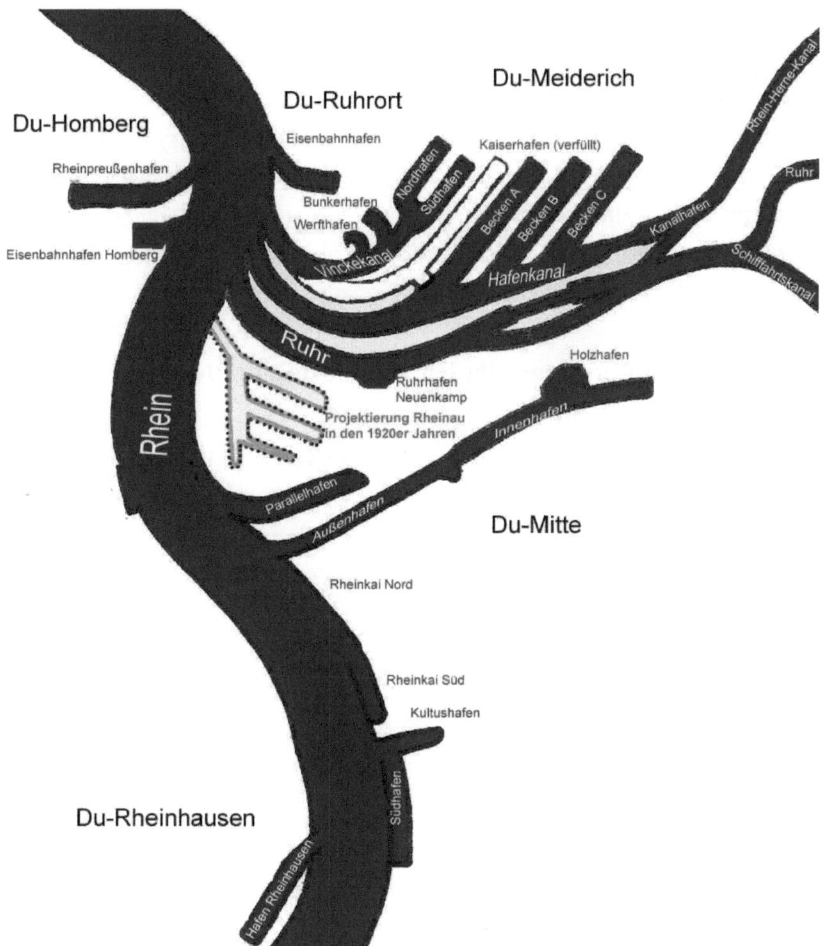

2. Der Ruhrorter Hafen von seiner Entstehung bis zum Zweiten Weltkrieg

2.1 Der Hafen vor der Industrialisierung

Aufgrund seiner Lage an der Mündung der Ruhr in den Rhein hatte die Schifffahrt für Ruhrort schon immer eine wichtige Bedeutung. Bereits 1392 wurde zum ersten Mal ein Hafen in Ruhrort erwähnt[6]. Dieser lag am Ufer des Rheins und der Ruhr. Das erste Hafenbecken, der heutige Hafenmund, entstand 1716 in einem alten Ruhrarm. Er entstand als die Ruhr ihr Bett nach Süden verlagerte. In Duisburg existierte bis Anfang des 13. Jahrhunderts ein Hafen am Rheinufer, bis dieser sein Bett 2,5 km nach Westen verlegte.

Als der Kohlehandel im Ruhrgebiet aufblühte wurde der Ruhrorter Hafen erweitert.1820 – 1825 entstand der Werfthafen. 1837 – 1842 entstand dann der Bunkerhafen. Die Häfen dienten zum Umschlag von Steinkohle und Holz. Diese wurden über die Ruhr nach Duisburg geschifft und auf Rheinschiffe umgeladen, um sie nach Süddeutschland oder in die Niederlande zu transportieren.[7]

2.2 Die Erweiterungen der Häfen seit Beginn der Industrialisierung

Nach der Inbetriebnahme des ersten Hüttenwerks in Ruhrort, dem Werk Phönix, wurden 1860 bis 1868 der Nord- und der Südhafen eröffnet. Hier wurden Steinkohle und Erze für das Werk umgeschlagen. Während der Gründerzeit, als die Ruhrgebietsindustrie ihr größtes Wachstum erlebte, wurden massive Ausbaumaßnahmen notwendig, um genügend Transportkapazitäten zu schaffen. Durch Anlage des zum Hafenmund parallel liegenden Kaiserhafens und des Hafenkanals in den Jahren 1872 – 1890 wurde die Kailänge des Hafens verdoppelt. Zwischen 1903 und 1908 entstanden die Hafenbecken A, B und C, an deren Kais Steinkohle umgeschlagen wurde. Der Erzumschlag fand auf der Landzunge zwischen Hafenmund und Kaiserhafen statt. Die letzte Ausbaumaßnahme war der direkte Anschluss des Rhein-Herne-Kanals an den Hafen (1912 – 1924). Über diesen wurde seit Ende der

---

[6] vgl. Landschaftsverband Rheinland 2004, S. 17.
[7] vgl. Richartz 1961, S. 154.

Ruhrschifffahrt im Jahre 1890 immer mehr Steinkohle aus dem Ruhrgebiet und Erze für die Hüttenwerke im Ruhrgebiet transportiert.

In Duisburg wurde erst 1831 der spätere Innen- und Außenhafen fertig gestellt, 1898 dann der Parallelhafen.[8] Der Duisburger Hafen hatte gegenüber dem Hafen in Ruhrort eine geringere Bedeutung. Ende des 19. Jahrhunderts gab es Pläne einen Hafen in den Ruhrauen, nahe der Mündung in den Rhein zu bauen. Doch Duisburg und Ruhrot standen in Konkurrenz um öffentliche Gelder. Aufgrund dessen entschlossen sich beide Städte zu kooperieren und ihre Häfen zusammenzulegen; realisiert wurden die Pläne des Ruhrorter Hafens (Hafenbecken A, B, C). Schließlich wurde Ruhrort 1905 nach Duisburg eingemeindet, was zur endgültigen Hafenzusammenlegung und zur Gründung der Duisburg-Ruhrorter Häfen AG (heute: Duisburger Hafen AG) führte.

---

[8] vgl. Landschaftsverband Rheinland 1985, S. 1.

3.   Die Auswirkungen des Strukturwandels im Ruhrgebiet auf den Duisburger Hafen

3.1   Bedeutungsverlust des Hafens

Nach dem Wiederaufbau in Folge des Zweiten Weltkrieges, sank in Deutschland Ende der 1950er Jahre die Nachfrage nach Stahl und Steinkohle. Erdöl wurde zu einem wichtigen Energieträger der Stromgewinnung und dadurch der Kohle zur stärksten Konkurrenz. Das Ruhrgebiet erlebte seine erste wirtschaftliche Krise und es folgte ein bis heute andauernder Strukturwandel.

Auch die Duisburger Häfen litten unter diesem Nachfragetief, so betrug 1950 der Anteil der Steinkohle am Gesamtumschlag 26,8% und der Erze 28,1%[9].

In ganz Deutschland ging die Kohlenachfrage für die Stromgewinnung zurück. Zudem wurde innerhalb des Ruhrgebiets die Kohle vermehrt per Zug transportiert, da sich durch die Nordwanderung des Bergbaus die Bergwerke immer weiter von den Wasserwegen entfernten. Dies führte dazu, dass der Kohleumschlag im Duisburg-Ruhrorter Hafen zurückging. 1969 betrug der Anteil am Umschlag nur noch 8,9%.[10]

Doch auch der Erzumschlag hatte immer weniger Bedeutung. Die großen Hüttenwerke an der Rheinschiene besaßen alle einen eigenen Anschluss an den Rhein, so dass ihre Massengüter direkt im Werk gelöscht werden konnten.[11]

Lediglich für die Hüttenwerke im Ruhrgebiet, die keinen Anschluss ans Wasser hatten, wurde noch Erz umgeschlagen.

3.2   Veränderungen der Flächennutzung und Modernisierungsmaßnahmen

Als 1908 die Hafenbecken A, B und C eröffnet wurden, befanden sich an deren Ufer Umschlagplätze für Steinkohle. Durch den Einbruch des Kohletransports im Ruhrorter Hafen war eine solch große Landfläche nicht mehr nötig. Man erkannte früh, dass der Bedarf an Mineralöl steigen würde, so dass 1953 die

---

[9] vgl. Stadt Duisburg (Hrsg.), Sonderheft 20 o. J., S. 7.
[10] vgl. Stadt Duisburg (Hrsg.), Sonderheft 20 o. J., S. 7.
[11] vgl. Richatz 1961, S. 160.

Ölinsel zwischen Kaiserhafen und Hafenbecken A eingerichtet wurde. Importöl wurde von den Seehäfen in den Niederlanden per Tankschiff nach Duisburg transportiert und zur Verarbeitung per Pipeline zu den Raffinerien im Ruhrgebiet weitertransportiert.

Der Ölumschlag in den Ruhrorter Häfen stieg von 1949 bis 1953 von 28.503 Tonnen auf 458.828 Tonnen (vgl. Tabelle 1).

Tabelle1: Ölumschlag in den Ruhrorter Häfen

Jahr	Ölumschlag in t
1936	46.530
1949	28.503
1950	21.589
1951	71.670
1952	106.373
1953	458.828

Quelle: Richarzt 1961, S. 161.

Südlich der Ruhr, in Kasslerfeld, entstanden riesige Tanklager. Diese wurden durch eine Öllöschanlage am Ruhrhafen Duisburg-Neuenkamp ans Wassertransportnetz angeschlossen.

Zwischen Hafenbecken B und C entstand die Schrottinsel. Hier wurde Schrott, der zuvor aus Deutschland, den Niederlanden sowie Belgien nach Duisburg verschifft wurde, zerkleinert, sortiert und zur Wiederverwertung in der Hüttenindustrie weitertransportiert.

Der Erzumschlag, der 1969 nach einen Umschlagsanteil von 51,2% hatte[12], wurde schließlich nur noch auf der Speditionsinsel zwischen Hafenmund und Hafenkanal umgeschlagen.

---

[12] vgl. Stadt Duisburg (Hrsg.), Sonderheft 20 o. J., S. 7.

4.   Der multimodale Logistikstandort *duisport*[13]

4.1   Die heutige Struktur des Hafens – neue Nutzungskonzepte

Seit der Stahlkrise in den 1980er Jahren hat man begonnen, den Duisburger Hafen auf größere Weise umzustrukturieren. Es wurden Pläne erstellt, die öffentlichen Hafenanlagen von einem Zentrum für den Umschlag von Massengütern in ein Zentrum für moderne Logistik, dem Umschlag von hochwertigen Stückgütern umzugestalten. Im Jahre 1999, zur Eröffnung des *logports* gab man das Ziel an, den *„Standort* [Duisburg] *zu einem Verkehrs- und Distributionszentrum für den zentraleuropäischen Raum"* zu entwickeln, *„als Wachstumsfelder werden der Container- und Importkohleverkehr definiert"*[14].

Weiterhin soll durch eine Vernetzung mit wichtigen Hafenstandorten das Verkehrsaufkommen gesteigert werden.

Im Jahre 1984 wurden erste Planungen umgesetzt und das erste Containerterminal (DeCeTe), eine Roll-on-Roll-Off-Anlage (RoRo) zur Beladung von Schiffen mit Fahrzeugen (beide Südhafen) sowie eine moderne Kohlenmisch- und –verladeanlage (Kohleninsel) errichtet. Dank des Bergbaus unter dem Rhein können seit einer künstlichen Bergsenkung große Schubverbände und Rhein-See-Schiffe (short-sea-ships) den Hafen anlaufen. So wurde der direkte Transport bis nach Skandinavien oder Großbritannien möglich, was den Containertransport günstig beeinflusste.

Im Parallelhafen entstand 1987 das Rhein-Ruhr-Terminal und im Südhafen 1992 der KLV-Bahnhof, beide für Container und kombinierten Verkehr. In Kasslerfeld eröffnete 1991 der erste von drei Duisburger Logistikparks. Im Jahre 1998 entstand das Packing Center Duisburg, in dem hochwertige Güter seefest verpackt werden. Duisburg passte sich somit an die veränderten logistischen Rahmenbedingungen an.[15] Dies hatte auch zur Folge, dass die Ruhrorter Häfen von der Rezession Ende der 1980er Jahre kaum betroffen waren.[16]

---

[13] Der Begriff *„duisport"* ist ein feststehender Begriff und wird somit im Folgenden immer klein und kursiv geschrieben. das gleiche gilt auch für den Begriff *„logport"*.

[14] duisport (Hrsg.), http://www.duisport.de/de/logisitk_transport/allgemeines/historie/index/php, letzter Aufruf: 12.03.2008.

[15] vgl. duisport, duisport (Hrsg.), http://www.duisport.de/de/logisitk_transport/allgemeines/historie/index/php, letzter Aufruf: 12.03.2008.

[16] vgl. Kommunalverband Ruhrgebiet (Hrsg.) 2002, S. 60.

Eine Besonderheit stellt zudem der 1991 am Nordhafen eröffnete Freihafen, welcher der einzige seiner Art in einem deutschen Binnenhafen ist, dar. Wie in vielen Seehäfen entstand dort eine zollfreie Zone, in der vor allem Textilwaren umgeschlagen, zwischengelagert und endbehandelt werden.

Im gesamten Hafengebiet entstanden mehrer Hallen, deren Dächer weit über das Hafenbecken hinausragten, so dass Schiffe auch bei Regen gelöscht und beladen werden können, ohne dass hochwertige, empfindliche Güter, wie Bleche oder Papier, nass werden.

Im Jahre 1996 kaufte man von DK Recycling und Roheisen in Hochfeld das Areal am Rheinkai Nord auf, um ein Terminal für den Umschlag von Importkohle zu errichten.

Die Speditionsinsel, auf der bis Mitte der 1990er Jahre Erze umgeschlagen wurden, liegt heute brach. Die Planung, holzverarbeitende Industrie dort anzusiedeln, scheiterte aufgrund von Protesten der Bewohner.[17] Sie und der verfüllte Kaiserhafen bilden die größten Reserveflächen.

4.2   Bedeutung der Werkshäfen am Rhein

Heute fällt der Umschlag von Massengütern, wie Steinkohle oder Erze, fast ausschließlich auf die Häfen der Industriebetriebe am Rhein. Dies verschafft den Unternehmen eine Kosten- und Zeiteinsparung, da ein Zwischentransport vom Hafen zu den Werken wegfällt. Somit blieb eine größere Zahl an Stahl- und stahlverarbeitenden Werken in Duisburg bestehen, da Duisburg, bzw. die gesamte Rheinschiene, eine Art „nasser" Hüttenstandort darstellt.

Bedeutendster Werkshafen ist der Hafen Schwelgern, der zu den Werken der ThyssenKrupp Stahl AG gehört. Dieses Werk ist das größte Stahlwerk Europas, zu ihm gehört der 2003 fertig gestellte Hochofen Schwelgern, der zurzeit modernste seiner Art ist. Im Hafen Schwelgern wird Steinkohle, meist Importe, gelöscht und Stahlbleche in der überkragenden Halle geladen. Der Umschlag war 1995 fast so hoch, wie der von öffentlichen Häfen (vgl. Abbildung 2).

---

[17] vgl.: http://archiv.waz.de/main_mappe2asp?file=1&docid=00557267&verid=001, letzter Aufruf: 13.03.2008.

Abbildung 2: Die Häfen im Raum Duisburg zwischen Walsum Nord und Huckingen 1995

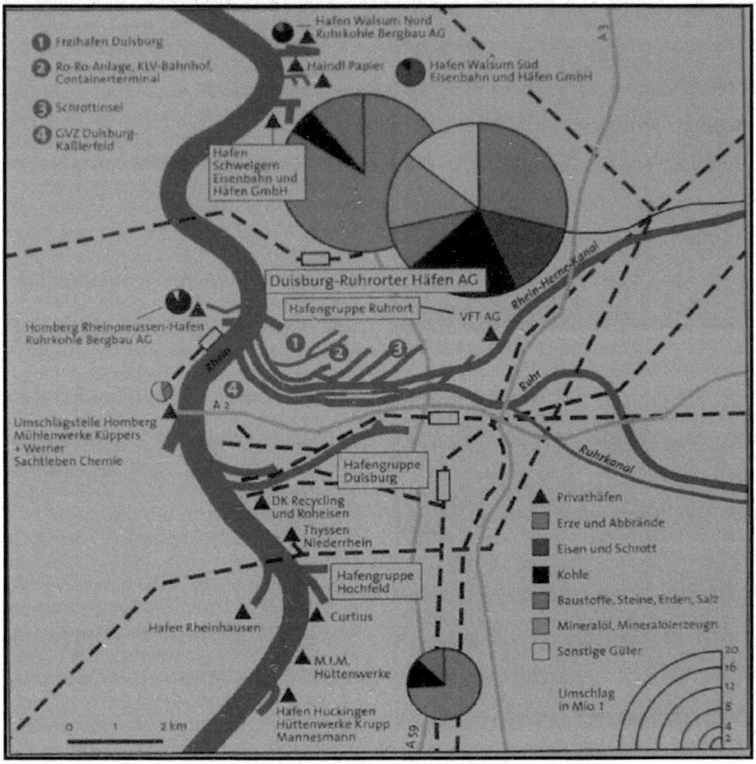

Quelle: Kommunalverband Ruhrgebiet (Hrsg.), 2002, S. 59.

Dieselben Ladeprozesse finden im Hafen des Hüttenwerks Krupp Mannesmann in Hüttenheim statt.

Am Nordhafen Walsum befindet sich da Bergwerk Walsum mit Steinkohlekraftwerk. Hier wird Kohle geladen, um sie zu anderen Kraftwerks- oder Hüttenstandorten zu transportieren, und gelöscht, wenn es sich um Importkohle zur Stromgewinnung handelt. Ein weiterer Kohlehafen ist der Rheinpreussenhafen in Homberg, in dem Kohle der linksrheinischen Bergwerke geladen wird.

Weitere private Hafenstellen befinden sich an der rechten Rheinfront im Duisburger Süden, an den Rheinkais Nord (zur Hälfte) sowie Süd, am Homberger Rheinufer und am Hafen Walsum Süd (vgl. Abbildung 2).

4.3   Der *logport* : Musterprojekt eines modernen Logistik-
standortes

Im September 1998 erwarb die Duisburger Hafen AG das Gelände des 1993 stillgelegten Krupp-Hüttenwerks in Rheinhausen. Das Gelände ist 200 Hektar groß und besitzt ein eigenes Hafenbecken. in den Folgejahren soll ein riesiger Logistikpark mit dem Namen *logport* entstehen.

Bis heute haben sich mehrere weltweit aktive Logistikunternehmen im *logport* angesiedelt. Das Gelände bietet Anschluss a das Binnenwassverkehrsnetz, ans Eisenbahnnetz und das dichte Autobahnnetz des Ruhrgebiets. Der *logport* soll Duisburg zur internationalen Transportdrehscheibe für Zentraleuropa machen.[18]

Die Umsetzung der *logport*-Pläne wird voraussichtlich bis 2014 andauern.

Herzstück des *logports* ist das im Jahr 2002 am ehemaligen Werkshafen eröffnete und von P&O betriebene Duisburg International Terminal (dit), in dem Container zwischen Schiff, LKW und Bahn umgeladen werden. Für 2003 wurde mit einem Umschlag von 50.000 Containern gerechnet[19]. Die Kapazität der Anlage liegt bei 200.000 Containern und soll auf 400.000 Container ausgeweitet werden.[20]

Der Containerbereich des Duisburg-Ruhrorter Hafens boomt. In einigen aufeinander folgenden Jahren verzeichnete der Hafen enorme Steigerungsraten von bis zu 37% jährlich im Bereich des Containerverkehrs. Dies führte dazu, dass im Jahr 2006 der Duisburg-Ruhrorter Hafen von der Fachzeitschrift Container Management in die Liste der Top 100 der international größten Containerumschlaghäfen aufgenommen worden ist.[21]

„Die Hafengruppe des Duisburger Hafens beteiligt sich als erster Binnenhafen an einem Seehafen Terminal, dem Antwerp Gateway Terminal, und nimmt somit auch Einfluss auf die Warenströme aus dem Hafen Antwerpen ins Hinterland."[22]

Auch in den Jahren 2006 / 2007 expandierte der Duisburg-Ruhrorter Hafen: Es wurden weitere Transportvolumina generiert. Dies wiederum schafft neue

---

[18] vergleiche auch Punkt 4.1

[19] duisport, duisport (Hrsg.), http://www.duisport.de/de/logisitk_transport/allgemeines/historie/index/php, letzter Aufruf: 12.03.2008.

[20] vgl. http://de.wikipedia.org/wiki/Duisburg-Ruhrorter_H%C3%A4fen:, letzter Aufruf: 15.03.2008.

[21] vgl.: http://de.wikipedia.org/wiki/Duisburg-Ruhrorter_Haefen, letzter Aufruf: 15.03.2008.

[22] vgl.: http://de.wikipedia.org/wiki/Duisburg-Ruhrorter_Haefen, letzter Aufruf: 15.03.2008.

Beschäftigungsmöglichkeiten für die im *duisport* ansässigen Umschlageinrichtungen und Reedereien.[23]

Mehrmals wöchentlich pendeln Züge und Binnenschiffe zwischen Duisburg und vielen Nordseehäfen in Deutschland, Belgien und den Niederlanden. Seit Oktober 2003 existiert zudem ein Linienzugverkehr nach Wien, der auch in Bezug auf die EU-Osterweiterung und den dadurch sich verstärkenden Güterverkehr in diese Region eine große Rolle spielt. Weitere Linienverkehre werden und wurden geplant. Weiterhin gibt es eine RoRo-Anlage, über die Neuwagen aus Nordrhein-Westfalen auf Schiffe geladen werden.[24]

Außerdem fanden mehrere Ausbauarbeiten im Bereich Straßen- und Schienenanschluss statt.

Der *logport* erfüllt somit alle Bedingungen für einen modernen Logistikstandort, in dem der kombinierte Verkehr gut ungesetzt wird.

Aktuelle Zahlen aus dem Jahr 2007 belegen, in welch guter Position sich der Duisburg-Ruhrorter Hafen befindet. (vgl. Tabelle 2). Somit kann man vermuten, dass sich der Duisburg-Ruhrorter Hafen in den nächsten Jahren weiterhin als größter internationaler Binnenhafen etablieren wird.

Tabelle 2: Güterumschlag 2007[25]

Güterart	Verkehrsaufkommen in Mio. t	Abweichung zum Vorjahr in %
Kohle	6,8	+ 19
Mineralöl / Chemie	4,2	+ 5
Steine / Erden / Baustoffe	1,3	- 4
Schrott / sonstige Güter	1,6	+ 2
Massengut gesamt	**13,9**	**+10**
Eisen / Stahl / Ne- Metalle	5,8	+ 9

[23] vgl.: http://www.duisport.de/de/logistik_transport/allgemeines/historie/index.php, letzter Aufruf: 15.03.2008.

[24] vgl.: http://archiv.waz.de/main_mappe2.asp?file=1&docid=01065425&verid=001, letzter Aufruf 11.03.2008.

[25] vgl.: http://www.duisburg.de/de/logisitk_transport/allgemeines/zahlen_und_fakten/index.php, letzter Aufruf: 15.03.2008.

	8,9	+ 14
Container (900.00 TEU = 1,6 Mio. Handlings)	8,9	+ 14
Stückgut gesamt	**14,7**	**+12**
Stück- und Massengut per Schiff u. Bahn gesamt	**28,6**	**+11**
Schiffsverkehr	16,0	+ 3
Bahnverkehr	12,6	+ 24
LKW – Verkehr	26,5	+ 11
Gesamtumschlag	**55,1**	**+ 11**

Quelle: http://www.duisburg.de/de/logisitk_transport/allgemeines/zahlen_und_fakten/index.php, letzter Aufruf: 15.03.2008.

5.   Fazit

Seit den 1980er Jahren entwickelt sich der Duisburg-Ruhrorter Hafen von einem schwerindustriell genutzten Umschlagplatz zu einem modernen, auf aktuelle wirtschaftliche Bedürfnisse ausgerichteten Logistikstandort. Der Massengüterumschlag hat sich endgültig auf die privaten Werkshäfen am Rhein verlagert, der Hafenstandort konnte dank des leistungsstarken Engagements der Hafenverwaltung erhalten werden. Duisburg wandelte sich mit seinem *logport* zu einem Vorzeigeprojekt, nicht nur im Bereich des trimodalen, kombinierten Verkehrs.

Der Duisburg-Ruhrorter Hafen hat den Strukturwandel gut vollzogen und wird ihn meiner Meinung nach weiterhin richtungweisend umsetzen. Der Hafen hat seit jeher schnell auf wirtschaftlichen Veränderungen reagiert. Dies war aber auch nut durch zahlreiche Investitionen von Seiten der öffentlichen Träger möglich. Hier hat sich jedoch erfolgreich gezeigt, dass öffentliche Investitionen zu großer Privatinitiative führen können.

Duisburg profitiert aber vor allem durch seine geographische Lage an Rhein und Ruhr und seiner zentralen Lage in Europa. Die wirtschaftliche Struktur und das sehr dichte Verkehrsnetz aller Verkehrsträger im Ruhrgebiet bieten optimale Standortfaktoren für ein modernes und bedeutendes Logistikzentrum. Somit kann der Duisburg-Ruhrorter Hafen in der gegenwärtigen Zeit als *„Multifunktionaler Dienstleistungspark statt ‚Brotkorb des Ruhrgebiets'* "[26] bezeichnet werden.

---

[26] Geographie heute 181/ 2000, S. 34.

6.   Literaturverzeichnis

a) Literatur

Archilles, F.W. (1967): Hafenstandorte und Hafenfunktionen im Rhein-Ruhr-Gebiet. Schöningh. Paderborn.

Dellmann, Benedikt (2002): Größter Binnenhafen der Welt. Rhein-Ruhr-Hafen Duisburg. In: Duckwitz, Gert; Hommel Manfred; Kommunalverband Ruhrgebiet: Vor Ort im Ruhrgebiet. Ein geographischer Exkursionsführer. 3. überarb. Aufl., Essen, S. 170 - 171.

Hottes, Karlheinz (1993): Größter Binnenhafen der Welt. Rhein-Ruhr-Hafen Duisburg. In: Geographisches Institut der Ruhr-Universität Bochum; Kommunalverband Ruhrgebiet (Hrsg.): Vor Ort im Ruhrgebiet. Ein geographischer Exkursionsführer. Essen. S. 138 – 141.

Kersting, Herbert (1978): Industrie in der Standortgemeinschaft neuer Binnenhäfen. Schöningh. Paderborn.

Kommunalverband Ruhrgebiet (Hrsg.) (2002): Das Ruhrgebiet. Landeskundliche Betrachtung des Strukturwandels einer europäischen Region. Essen.
Landschaftsverband Rheinland (Hrsg.) (1985): Duisburg. = Rheinischer Städteatlas, Lieferung IV, Nr. 21, 1978. 2. verbesserte u. ergänzte Auflage. Köln.

Landschaftsverband Rheinland (Hrsg.) (2004): Duisburg. = Rheinischer Städteatlas, Lieferung XV, Nr. 83, 2003. Köln.

Richartz, Erika (1961): Duisburg-Ruhrort in seiner wirtschafts- und sozialgeographischen Struktur. In: Stadtarchiv Duisburg (Hrsg.): Duisburger Forschungen. Schriftreihe für Geschichte u. Heimatkunde. Band 5, Duisburg. S. 144 – 206.

Stadt Duisburg (Hrsg.): Verkehrsstruktur und Verkehrsentwicklung in Duisburg. Sonderheft 20 des Duisburger Zahlenspiegels. Duisburg. o. J., (Broschüre).

b) Internetseiten

http://de.wikipedia.org/wiki/Duisburg-Ruhrorter_H%C3%A4fen, letzter Aufruf: 12.03.2008.

http://www.duisport.de/de/duisport_gruppe/aktuelles_archiv/geschaeftsbericht/pdf/GB_2002_de.pdf, letzter Aufruf: 11.03.2008.

http://www.duisport.de/de/logisitk_transport/allgemeines/historie/index/php, letzter Aufruf: 12.03.2008.

http://archiv.waz.de/main_mappe2asp.?file=1&docid=00557267&verid=001, letzter Aufruf: 13.03.2008.

http://www.duisport.de/de/logistik_transport/allgemeines/historie/index.php, letzter Aufruf: 15.03.2008.

http://archiv.waz.de/main_mappe2.asp?file=1&docid=01065425&verid=001, letzter Aufruf 11.03.2008.

http://www.duisburg.de/de/logisitk_transport/allgemeines/zahlen_und_fakten/index.php, letzter Aufruf:15.03.2008.

c) Zeitschrift

Geographie heute (2000): Häfen. Heft 181, 06/2000, 21. Jahrgang. Friedrich Verlag in Zusammenarbeit mit Klett.

BEI GRIN MACHT SICH IHR WISSEN BEZAHLT

- Wir veröffentlichen Ihre Hausarbeit,
  Bachelor- und Masterarbeit

- Ihr eigenes eBook und Buch -
  weltweit in allen wichtigen Shops

- Verdienen Sie an jedem Verkauf

Jetzt bei www.GRIN.com hochladen
und kostenlos publizieren